大数学家讲故事

李毓佩
数学童话

勇闯黑峡谷

李毓佩 著

北方联合出版传媒(集团)股份有限公司
春风文艺出版社
·沈阳·

图书在版编目（CIP）数据

李毓佩数学童话.勇闯黑峡谷 / 李毓佩著.—沈阳：
春风文艺出版社，2023.11
（大数学家讲故事）
ISBN 978-7-5313-6519-8

Ⅰ.①李… Ⅱ.①李… Ⅲ.①数学—少儿读物 Ⅳ.
①O1-49

中国国家版本馆CIP数据核字（2023）第165606号

北方联合出版传媒（集团）股份有限公司
春风文艺出版社出版发行
沈阳市和平区十一纬路25号　邮编：110003
辽宁新华印务有限公司印刷

选题策划：赵亚丹		责任编辑：刘　佳	
责任校对：陈　杰		绘　　画：郑凯军	
封面设计：金石点点		幅面尺寸：145mm×210mm	
字　　数：61千字		印　　张：4	
版　　次：2023年11月第1版		印　　次：2023年11月第1次	
定　　价：25.00元		书　　号：ISBN 978-7-5313-6519-8	

版权专有　侵权必究　举报电话：024-23284391
如有印装质量问题，请拨打电话：024-23284384

目录

杜鲁克被绑架

这天晚上，爱数王国的王宫里明灯高悬，亮如白昼。大厅的圆桌上摆满了鸡鸭鱼肉。人来人往，好不热闹。这是在庆祝什么？原来杜鲁克的假期已结束，就要回学校继续念书了。爱数王子为了感谢杜鲁克在和鬼算王国的斗争中所做出的重大贡献，特设宴席欢送杜鲁克。七八大臣、五八司令、胖团长、铁塔营长——爱数王国的重要官员全都到齐。大家纷纷举杯，祝福杜鲁克学习进步、身体健康。

杜鲁克谢过大家："从今以后我不再是参谋长了，只是一名普通的小学生。感谢大家的热情欢送！"

宴会一直到深夜才结束。杜鲁克有点儿累了，回到自己的卧室，倒头便睡。

也不知睡了多久，杜鲁克隐约中听到门外有动静。他翻身坐起，问了一声："谁?"伸手就要开灯。突然房门大开，从门外噌噌跳进两个黑影，其中一个黑影掏出一个大口袋，一下子套在了杜鲁克头上，两个黑影架着杜鲁克飞快出了房门。他们把杜鲁克绑在了一匹马上，两个黑影也各自骑上马，飞也似的跑走了。

第二天一早，爱数王国的王宫热闹啦：

"不好了，参谋长不见了!"

"不得了了，杜鲁克不见了!"

"大事不好了! 数学小子丢了!"

王宫里乱了套，大家看着爱数王子说："王子，这可怎么办?"

此时爱数王子却分外冷静。

他下达命令："铁塔营长，你带人把王宫周围仔细搜查一遍!"

铁塔营长马上立正，行了个军礼："是!"转身跑出去了。

爱数王子又命令："胖团长，你带人仔细搜查一下杜鲁克参谋长的卧室，看看能不能发现什么蛛丝马迹。"

爱数王子突然又想到了什么，下达命令："让白色雄鹰和黑色雄鹰从高空侦察，看看能不能发现杜鲁克的踪迹。"

安排好一切后，爱数王子在王宫里踱步，等待消息。

铁塔营长第一个跑了回来："报告爱数王子，我把王宫里外翻了个遍，什么也没有发现。"

接着胖团长跑了进来，擦了把头上的汗："报告，卧室里除了参谋长的脚印，还有两个陌生人的脚印，门外还有些杂乱的马蹄印。"

爱数王子忙问："马向什么方向跑了？"

胖团长回答："向正南方向跑了。"

爱数王子又问："有几匹马？"

"看不太清楚，好像有三匹马。"

"咕——"空中一声鹰啼，白色雄鹰和黑色雄鹰飞回来了。它们向爱数王子摇摇头，表示没有发现什么。

　　爱数王子听了大家的汇报着急了，目前只知道是两个人和三匹马带着杜鲁克向正南方向走了。到底是什么人把杜鲁克劫持了？杜鲁克明天就要回去上学了，他们劫持杜鲁克要做什么？

　　当然，最有可能是鬼算国王干的，可是有什么证据呢？

　　大家挠头的挠头，搓手的搓手，毫无对策。

　　七八大臣站了起来，对胖团长说："带我去看看马蹄印。"

来到现场，七八大臣掏出皮尺，把马蹄印之间的距离量了又量，在本子上记了又记，算了又算，随后点点头说："这三匹马中，有一匹是喵四郎送给鬼算国王的'赤兔马'，另一匹是鬼算王子的'白龙马'，因为只有这两匹宝马迈的步子才能这么宽!"

五八司令听罢，倒吸一口凉气："这么说，参谋长是被鬼算国王劫持走了?"

胖团长站起来："那黑白雄鹰为什么没有发现马的踪影呢?"

七八大臣解释说："这两匹宝马跑起来快如飞，这么长时间早就跑得没影儿了，哪还能看得见呢?"

爱数王子眉头紧锁："黑白雄鹰，你们照正南方向直飞，一路上要仔细观察有没有马蹄印!"

两只雄鹰"咕——"地叫了一声，腾空而起，向正南方急速飞去。

方向：黑峡谷

正当大家焦急等待的时候，只听外面"咕——咕——"连叫两声，黑白雄鹰相继飞了回来。黑色雄鹰朝爱数王子叫了几声。

爱数王子啪地猛拍一下桌子："坏了！他们去了黑峡谷！"

大家一听"黑峡谷"三个字，呼的一声全站了起来。

七八大臣连声叹气："你说说，去哪儿不好，偏偏去了黑峡谷！这一去就别想回来了！"

胖团长对黑峡谷的了解不多，忙问："大臣，这黑峡谷有那么可怕吗？"

七八大臣说："那是鬼算国王的领地。那里有毒蛇猛兽、食人树、食人花；有剧毒的瘴气和雾霾；还有鬼算国王特别安装的暗道机关，包括暗箭、暗弩。黑峡谷只有一条通道，不熟悉的人，进去可就出不来了！"说到这儿，大臣一口气没上来，晕了过去。

大家一看七八大臣晕倒了，立刻进行抢救，拍后背，掐人中，忙活了好一阵子，他这口气才缓了过来。

铁塔营长问："鬼算国王为什么要把杜鲁克带到黑峡谷去呢？"

七八大臣一边喘着粗气，一边说："鬼算国王也许考虑到黑峡谷隐蔽，又十分险要，平常人难以逃脱。"

大家你看看我，我看看你，谁都没了主意，屋里一片寂静。

突然，爱数王子站了出来，向大家宣布："我要去黑峡谷和杜鲁克并肩作战！杜鲁克为了咱们爱数王国出了多少力，我们不能在他危险的时候，置他于不顾。我要去和他共患难！"说完，他佩带好宝剑，纵身一跃，跳上了黑色雄鹰的后背。

这时，铁塔营长匆匆跑了过来，把一副崭新的双节棍递给了爱数王子："杜鲁克被劫持走时，手里没有任何武器，把这副双节棍给他带上！"

爱数王子接过双节棍，喊了一声："走！"黑色雄鹰腾空而起，飞向天空。白色雄鹰随之而起，跟随黑色雄鹰飞走了。

事情发生得有些突然，大臣们不知如何是好，个个目瞪口呆。

过了一会儿，七八大臣喊道："胖团长！"

"在！"胖团长向前迈了一大步，向大臣行了个军礼。

七八大臣命令："你带领你团的全体士兵，火速赶往黑峡谷。在谷的入口处驻扎，准备接应爱数王子和杜鲁克！"

"是！"胖团长快步跑了出去。

五八司令问："七八大臣，进了黑峡谷就没有什么好的方法全身而退吗?!"

"也不是。"七八大臣颤颤巍巍地站了起来，"每到达一个危险点，必然会出现一道数学问题。如果能正确解答出这道数学题，就可以平安通关，继续前进。"

"好哇！"听到七八大臣这番话，全场欢声雷动，"有救啦！杜鲁克数学那么好，还怕解不出黑峡谷的数学题？"

七八大臣摇摇头："解出一道、两道不难，但整个黑峡谷里有很多道数学题。倘若有一道题没解答正确，参谋长就会身陷危险。"

听完此话，大家又把头低下了。

再说爱数王子和两只雄鹰。

飞到一座大山跟前，雄鹰缓缓降落下来。爱数王子抬头一看，前面是崇山峻岭，地势十分险恶。迎面一块巨石，上面写着"黑峡谷"三个大字，十分刺眼。

爱数王子抬腿往里走，突然一块石头横在面前，挡住了去路。石头上刻着一幅方格图和一段说明文字：

按照图中数字排列的规律，将正确的数字填在空格中，你便可进入黑峡谷。黑峡谷正在前面等着你！

爱数王子仔细观察图中的数字：第一列是1，2，3，4，非常有规律，可是其他列的数字就杂乱无章了。

爱数王子观察了半天，心里又惦记着身陷谷中的杜鲁克，非常着急，越着急，就越找不出规律。实在没办法了，爱数王子想："我随便填两个数字吧，没准儿碰巧能蒙对呢。"

爱数王子在两个空格中，一个填上6，一个填上11。

刚刚填完，就听到巨石后面一声大吼，震得树木枝条乱晃。随后从巨石后面走出一只身高足有两米的大黑猩猩，双手举着一块牌子，牌子上面写着："你连这么简单的数学题都做不对，还想进黑峡谷？你不够资格，还是到别处去吧！"

爱数王子大惊："怎么！数学不好，连挑战的权利都没有？我就不信我做不对。"

爱数王子静下心来，仔细研究图中数字排列的规律。他心想：竖着看，看不出规律，那我再横着看看。第一行的数字是1，5，6，30，它们有这样的关系：5×6=30，也就是第二个和第三个数字的乘积，正好等于第四个数字。第二行的数字是2，3，8，12。可是3×8=24，这里第二个数字和第三个数字的乘积，不等于第四个数字了，而等于第四个数字的二倍。

爱数王子想了想，这也好办，3×8÷2=12，用第一个数字2去除，结果就等于第四个数字了。看看第一行符合不符合这个规律，5×6÷1=30，嘿，也对！

图中数字的规律是：

$$1 \times 30 = 5 \times 6$$

$$2 \times 12 = 3 \times 8$$

可以按照这个规律，反过来求这两个数：

$$35 \times 3 \div 7 = 15$$

$$4 \times 9 \div 3 = 12$$

1	5	6	30
2	3	8	12
3	15	7	35
4	3	12	9

爱数王子刚把数字填好，黑猩猩立刻把手中的牌子转了180度，牌子的后面写着："你填对了，可以进黑峡谷了。"

爱数王子顺着唯一的通道往里走去。

微信扫码
☑ 数学小故事
☑ 思维大闯关
☑ 应用题特训
☑ 学习小技巧

巧辨毒水

再说说被劫持的杜鲁克。

杜鲁克被蒙住眼睛，绑在一匹高头大马上，只听旁边两个人扬鞭策马，"嗒、嗒、嗒"向正南飞速奔去。

跑了足有一小时，马慢慢停下来了。杜鲁克听见一阵"喀、喀、喀"的干咳声，似乎有些熟悉，但一时又想不起在哪儿听过这个声音。

杜鲁克突然想起来了，这不正是鬼算国王的笑声吗？没错，就是他！想到这儿，杜鲁克心中一紧："坏了，我遇到麻烦了。我曾协助爱数王国几次战胜了鬼算国王，他一定把我看成眼中钉、肉中刺，肯定不会轻易放过我。看来一场新的较量要开始了！"

蒙眼睛的黑布被摘了下来。杜鲁克揉了揉眼睛，看清了眼前的一切：鬼算国王坐在龙椅上，脸上带着不怀好意的笑容。鬼算王子、鬼司令站在他身旁，几员大将——不怕鬼、鬼不怕、鬼都怕、鬼机灵，分列两旁。

鬼算国王皮笑肉不笑地说："喀喀，嘿嘿，老朋友，咱们又见面了。"

杜鲁克没好气地问："你们把我绑到这儿，到底想干什么？"

鬼算国王走下龙椅："杜鲁克，爱数王国堂堂的参谋长，我怎么敢绑你呀？我是看你来到这里已有多日，可是很少有机会到我们鬼算王国参观游览。我们鬼算王国山川秀丽，不游览一次，岂不终生遗憾。"

鬼机灵点点头："就是，就是。杜鲁克，你若想参观，我可以给你当向导。"

鬼司令也插嘴说："特别是黑峡谷，一生当中不可不去呀！"

"对、对。"鬼算国王兴奋了，"鬼司令提到的黑峡谷，原来叫'生死谷'。你每往前走一步，都要经历一次生死的考验。如果在某一个环节上过不去，你就有大麻烦了。”

鬼算国王停顿了一下，大喊："鬼机灵！送杜鲁克去闯黑峡谷！"

"是!"鬼机灵答应一声，推着杜鲁克走了出去。

走了一段路，杜鲁克口渴，提出要喝水。鬼机灵痛快地答应了，随后带杜鲁克来到一间小亭子里，桌子上摆着11个一模一样的杯子，还有一个小盒子。

鬼机灵说："这11个杯子里，有9个杯子里装的是白开水，可以放心地喝。1个杯子装的是放了毒药的水，喝上一点点就会中毒。还有1个是空杯子。小盒子里是4张试纸，可以测出水里有没有毒。你现在可以选择了！"

杜鲁克心里明白，这是他面临的第一次考验，他相信自己有能力解决这个问题，他默默地在心里设计一个找出装有毒水杯子的方案。

杜鲁克走到桌子前，把装有水的10个杯子随意分成数量相等的两组，每组都有5个杯子。接着把其

中一组 5 个杯子的水都往空杯子里倒上一点点。然后从小盒子里拿出一张试纸，放在这个杯子里测试，结果没变颜色。杜鲁克把这组的 5 杯水咕咚咕咚全都喝下去了。

杜鲁克一抹嘴唇，说了一句："痛快！"

鬼机灵一愣，心想：这杜鲁克胆子可真够大的！

鬼机灵问："喝够了没有？还喝吗？"

杜鲁克摇摇头："半饱。我还要把那4杯无毒的白开水喝了。"

杜鲁克把另外一组的5个杯子，再随意分成2杯、2杯、1杯三份。把其中2杯水的那份拿起来，各向空杯子里倒一点点水。然后拿出第二张试纸，放进杯子里试了试，还是没变颜色。杜鲁克端起这两杯水，一仰脖喝了进去，还打了一个饱嗝儿。

鬼机灵眨巴着小眼睛，问："还喝吗?"

"喝!"杜鲁克指着桌子上的水，"这水不喝不就浪费了嘛!"

鬼机灵心想：杜鲁克你是不喝到毒水不甘心哪!

杜鲁克拿着小盒子，笑嘻嘻地说："这里还有2张试纸没用呢!"

桌子上还有3杯水，杜鲁克把2张试纸分别放进其中2个杯子里。这时一个杯子里的试纸变成了黑色。杜鲁克拿起另外2杯水，一仰脖咕咚咕咚又喝下去了。

杜鲁克拿起那杯变成黑色的水，问鬼机灵："尝尝不？"鬼机灵吓得撒腿就跑，一边跑一边喊："那水有毒，我不喝，我不喝！"

杜鲁克拿着这杯毒水在后面一边追一边喊："喝点儿尝尝吧！这是你们鬼算国王给我准备的，好喝！"

鬼机灵个头矮，腿短，跑不过杜鲁克。没跑几步，就让杜鲁克追上了。杜鲁克一把揪住了鬼机灵的后衣领，大喊："好喝，你喝了吧！"

鬼机灵大喊："救命啊！"他感觉后脖颈子一阵发凉，原来杜鲁克手一晃，水流进他的后衣领里了。

鬼机灵倒在地上直翻白眼，吓晕过去了。

杜鲁克一想，鬼机灵晕过去了，我何不趁此机会，逃出黑峡谷呢！他找到了黑峡谷中唯一的一条路，向北快速走去……

路遇狮群

杜鲁克走了有20分钟左右，前面出现了一大片平原，一丛丛低矮的树木点缀其间。

突然，树丛开始晃动，传出一阵阵狮子低沉的吼声。杜鲁克全身一颤，心想："坏了，我是和狮群相遇了，这里是一片平原，我想藏都没地方藏，这可怎么办哪？"

杜鲁克向周围看了看，发现东边有一道铁丝网和这边隔开。铁丝网那边不时发出阵阵的虎啸。

听到虎啸，杜鲁克心中暗喜：机会来了！早就听说狮虎不相容。人们一直在争论，究竟是老虎厉害还是狮子厉害。有人说老虎厉害，理由是，古代北方也有狮子，就因为狮子打不过老虎，才跑到南方去了。现在这里有狮子，又有老虎，何不让它们打上一场，看看究竟谁更厉害？我也可以趁机跑出去。

可是怎样才能打开铁丝网呢？杜鲁克犯了难。

正在这时，有人高喊："杜鲁克，杜鲁克，你跑到哪儿去了？"

是鬼机灵！杜鲁克心中一喜，马上高声答应："哎，我在这儿呢！鬼机灵你快来呀！"

鬼机灵晃晃脑袋说："我以为你真的让我喝毒水呢，把我吓晕了。"

"逗你玩儿呢！"杜鲁克拍了拍鬼机灵的肩头问，"你想不想做更好玩儿的游戏？"

"什么游戏？"

"前面的左边有一群狮子，右边有一群老虎，你知道吗？"

"知道，知道，那是鬼算国王专门养的，凶恶得很，会吃人的。"

杜鲁克突然问了一个问题："黑峡谷里有怪兽吗？"

"有哇！黑峡谷里怎么能没有怪兽呢？"鬼机灵毫不迟疑地回答。

杜鲁克又问:"是真的还是假的?"

"真的!"鬼机灵嘴边露出一丝狡黠的微笑。

杜鲁克点了点头,心里明白了几分。他换了个话题:"你说是老虎厉害,还是狮子厉害?"

"这谁知道哇!"

"是呀,有人说老虎厉害,也有人说狮子厉害。这个问题成了世界难题。"

鬼机灵晃晃脑袋:"这个难题谁也解决不了,除非狮子和老虎什么时候决斗一次。"

"现在就可以!"杜鲁克斩钉截铁地说。

"什么?现在?"鬼机灵吓得一蹦老高。

杜鲁克笑嘻嘻地说:"你别紧张。现在这里就狮子和老虎,只要把铁丝网挪开一条缝,它们就会打起来。到底是老虎厉害,还是狮子厉害,答案立马揭晓。"

鬼机灵有点儿犹豫,他紧锁眉头:"好玩儿是好玩儿,但如果这事让鬼算国王知道了,我的小命就要遭殃了。"

杜鲁克紧逼一步说:"就算你不愿意,我一个人

也要做。但你是鬼算国王派来看管我的，如果我出了事，你也要负责任。"

鬼机灵低头琢磨了一会儿，心想："杜鲁克说得也对。我的任务是监督杜鲁克。如果途中出了问题，我往他身上一推就了事。再说，我还有一个重要的问题需要杜鲁克帮忙。"

想到这儿，鬼机灵点点头："不过，你要帮助我解决一个数学问题。"

"什么数学问题?"

"你知道我们鬼算王国有四员大将：不怕鬼、鬼不怕、鬼都怕和我。最近鬼算国王在总结和爱数王国战斗的经验时，发现我们缺少一名像你一样的参谋长，所以屡战屡败。"

"那你们选一个参谋长不就行了嘛!"

"对呀! 大家说，从四员大将中选出一个参谋长不就行了! 但鬼算国王觉得这四员大将实力都差不多，让谁当呢?"鬼机灵停了一会儿，"鬼算国王说，我们最大的敌人是爱数王国，所以参谋长必须选数学能力最好的。于是他出了一道数学题，我们四个人谁能第一个解答出来，就选谁当参谋长!"

"这也是个办法。"杜鲁克问，"最后谁做出来了呢?"

"到今天为止，还没人能做出来呢!"鬼机灵看了杜鲁克一眼，"你杜鲁克的数学水平那叫厉害。你要能帮我把这道题做出来，我就豁出去了，帮你把狮子和老虎赶到一起，让它们一决高下!"

杜鲁克听了，高兴得跳起来："好，那咱们一言为定。你先说说那道题吧。"

鬼机灵开始说题："最近有若干名青年要入伍。鬼司令说如果把这些青年都分给一连，那么一连下属的每一个排都可以得到12名新兵；如果都分给二连，二连下属的每一个排都可以得到15名新兵；如果都分给三连，三连下属的每一个排都可以得到20名新兵。"说到这儿，鬼机灵话锋一转，"鬼算国王拦着鬼司令说，这种分法不公平。应该把这些青年平均分给三个连的每一个排。谁知道这样分配的话，每个排能分到多少名新兵？"

杜鲁克点了点头："嗯，这道题果然有点儿难度。你知道难点在哪儿吗？"

鬼机灵摇了摇头。

杜鲁克说："新兵数和三个连下属的排的总数都不知道，这加大了这道题的难度。"

"那怎么办哪？"

"因为单独分给三个连时，三个连下面的每个排，分别可以分得12，15，20名新兵。说明新兵总数 N 应该是这三个数的公倍数。"

"对，不然的话，分到排里的新兵数就不可能是整数。"

"12，15，20这三个数的最小公倍数是60，可以设新兵的总数 $N=60x$。我问你，$60x÷12=5x$，这个 $5x$ 代表什么意思？"

鬼机灵想了想："应该是一连有 $5x$ 个排。"

杜鲁克用力拍了一下鬼机灵的肩膀："不愧是鬼机灵！说得对！这样，二连就有 $60x÷15=4x$ 个排，三连有 $60x÷20=3x$ 个排。这样三个连下属的排的总数是 $5x+4x+3x=12x$ 个。新兵总数是 $60x$，新兵总数÷排的总数=$60x÷12x=5$。哈，算出来了。平均分配的话，每个排分得5名新兵。"

"每排分得5名新兵。"鬼机灵高兴地双手一拍，"鬼算王国的参谋长就是我了！"

杜鲁克催促："咱们快去打开铁丝网吧！"

"不用，那边有门。"说着鬼机灵蹑手蹑脚地走到铁丝网前动手拉门，却拉不开。他仔细一看，门上挂着一个牌子。上面写着（如下图）：

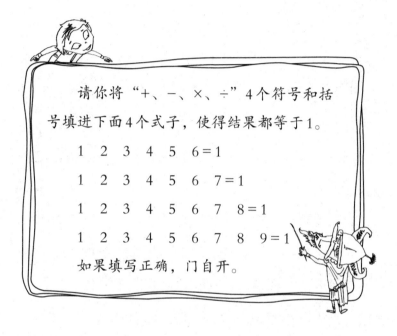

请你将"＋、－、×、÷"4个符号和括号填进下面4个式子，使得结果都等于1。

1　2　3　4　5　6＝1

1　2　3　4　5　6　7＝1

1　2　3　4　5　6　7　8＝1

1　2　3　4　5　6　7　8　9＝1

如果填写正确，门自开。

鬼机灵冲杜鲁克一招手："这是你的老本行，你来解吧！"

杜鲁克走过去一看："都是加、减、乘、除四则运算题，简单。"他稍微想了想，就把符号和括号填了进去。

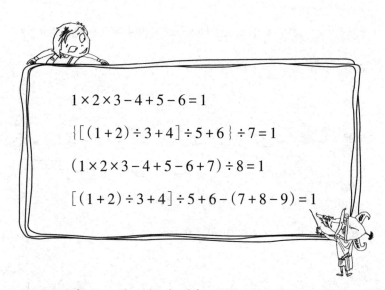

$$1 \times 2 \times 3 - 4 + 5 - 6 = 1$$

$$\{[(1+2) \div 3 + 4] \div 5 + 6\} \div 7 = 1$$

$$(1 \times 2 \times 3 - 4 + 5 - 6 + 7) \div 8 = 1$$

$$[(1+2) \div 3 + 4] \div 5 + 6 - (7 + 8 - 9) = 1$$

只听咯噔一响，门自动打开了。

鬼机灵招呼杜鲁克："快来!"说完噌噌两下就爬上了附近的一棵树，杜鲁克也跟着爬了上去。

鬼机灵小声说："好戏就要开始啦!"

虎王斗狮王

　　杜鲁克和鬼机灵屏住呼吸，准备观看即将发生的激烈争斗。

　　第一个走向大门的是一只小狮子，它好奇地走到门前，把脑袋探了过去，左右看了看。

　　一只小老虎急匆匆地跑过来，冲小狮子发出了警告：不要跨界到老虎领地这边来。

　　谁知道小狮子不听这一套，它冲小老虎一瞪眼，"呜——呜——"叫了几声，然后把身子往下一低，就要扑上来。

　　虎为兽中之王，怕过谁？小老虎脾气更暴躁，身体往前一蹿，越过铁丝网，来到了狮子领地。两个小家伙"嗷——"的一声，就打在了一起。

　　雌狮和母虎一看自己的孩子受欺负了，也立刻扑

了过来，好不热闹。鬼机灵和杜鲁克都看傻了眼。

突然，一声震耳欲聋的吼叫声响起，低沉、有力，大地都为之震动；接着又是一声更加低沉的吼叫，树叶也为之晃动。杜鲁克向左一看，一只威风凛凛的雄狮站在高岗上，显然这是一只狮王；杜鲁克向右一看，一只体型硕大的斑斓猛虎从草丛中走了出来，不用问，这肯定是一只虎王。

正打得不可开交的雌狮和母虎立刻闪到了一边，让位给狮王和虎王。

杜鲁克啪地一击掌："主角登场了，好戏还在后面！"

只见狮王大吼一声向虎王扑了过去。这一扑，力量极大，把虎王扑了一个跟斗。虎王也不甘示弱，用钢鞭似的虎尾唰的一声，向狮王扫了过去。只听啪的一声，虎尾重重地打在狮王的身上，狮王被打出去好远。

狮王、虎王各摔了一个跟头，第一回合打了一个平手。

接着虎王发动进攻，来了一个饿虎扑食，直扑狮王。狮王也不躲闪，同时跃起来扑向虎王。两王在半空中相撞，砰的一声响，都被撞飞，重重地摔在了地上。这一摔可真不轻啊，虎王和狮王都趴在地上，半天没起来。

狮王、虎王相斗的声音，传到了爱数王子的耳朵里。"什么声音？"爱数王子怕杜鲁克出事，派黑色雄鹰前去看看。

鬼算国王也听到了狮虎相斗的声音，心中一惊。

黑峡谷出什么事啦？他立刻派鬼不怕前去察看。

很快，鬼不怕跑回去报告说："大事不好了，也不知是谁把老虎群和狮子群间的隔离网打开了。"

"什么？"鬼算国王大吃一惊，"狮子和老虎碰了面，还不乱了套？弄不好来个两败俱伤，那我的损失可太大了！"

鬼不怕忙问："怎么办？"

"通知我的卫队，敲锣鼓，放鞭炮，把它们分开，重回各自的领地。快！"

"得令！"鬼不怕飞跑了出去。

杜鲁克和鬼机灵趴在树上，正看得高兴，只见鬼不怕领着鬼算国王的卫队跑了过来，咚咚锵锵敲起了锣鼓，噼噼啪啪放起了鞭炮。

狮子和老虎被这个阵势惊呆了，稍微犹豫了一下，撒腿跑回自己的领地，鬼不怕趁机赶紧把大门关上了。

杜鲁克有些遗憾："狮虎之斗还没有个结果，今天又解决不了这个世界难题啦！"

"鬼算国王命令到！"鬼司令匆匆跑来，"国王说鬼机灵的任务已完成，迅速返回王宫。杜鲁克一人探险黑峡谷。"

鬼机灵恭恭敬敬地回答："是！"随后，跟鬼司令走了。

微信扫码
☑ 数学小故事
☑ 思维大闯关
☑ 应用题特训
☑ 学习小技巧

遇到大怪物

　　杜鲁克退出狮子园，顺着唯一的道路往北走，竟然和爱数王子相遇了！两人紧紧拥抱在了一起。

　　爱数王子问："怎么样？没事吧？"

　　杜鲁克笑着说："没事。遗憾的是没有看到狮虎相斗的结果。我想解决的世界难题没有解决。"接着把刚才发生的一幕对爱数王子说了。

　　爱数王子听了哈哈大笑："你可真有意思，在这危险随时都可能降临的黑峡谷里，竟然还有心思去解决世界难题。"

　　杜鲁克说："确实，就算刚才看到了结果也说明不了什么问题。如果是老虎胜了，也只能说明这里的一只老虎比一只狮子厉害，而不能说明所有的老虎都比狮子厉害。"

"对!"爱数王子点点头,"那应该怎么办呢?"

"要有大量的狮子和老虎争斗的数据,通过统计的方法才能得出结论。"杜鲁克话锋一转,"不过现在重要的是咱俩要先走出黑峡谷,该怎么走呢?"

爱数王子回答:"黑峡谷中只有一条路,咱俩只能一直往北走。"

杜鲁克无奈地摇了摇头:"那,咱俩就走吧!"两人边走边聊。

走着,走着,前面出现了岔路,一条路变成了两条,究竟该走哪一条?两人没了主意。

杜鲁克仔细观察后说:"我看右边这条好像是原有的路,因为这条路和我们走过的路衔接比较自然。"

"那咱俩就走右边这条路。"爱数王子说。

两人走了没多远,突然觉得脚下一软,扑通、扑通,同时掉进陷阱里了。

"有人掉进去了!有人掉进去了!"头顶传来一阵欢呼声。杜鲁克抬头一看,吓了一跳!只见陷阱的边上站着五个怪物,长着人的身子,牛头马面,手里各拿着武器。

爱数王子毕竟是见多识广：朗朗乾坤，怎么会出现怪物？他大声问道："你们是什么人？捉我们干什么？"

"我们是牛头马面大怪物，问捉你俩干什么？吃呗！"一个拿着大刀的怪物狰狞一笑，"我们正发愁小兔不够吃呢，你们送上门来，太好了！"

想吃我们俩？也不知是真是假。杜鲁克灵机一动，问："你们养的小兔好端端的怎么不够吃了呢？"

牛头马面大怪物说："原来我们只有一公一母两只小兔，送我们小兔的人说，一对小兔每一个月可以生一对小兔，而一对小兔生下来一个月后，长成熟了，第二个月又可以生小兔。"

爱数王子插话："繁殖得够快的。"

"够快，也不够我们吃的。"牛头马面大怪物说，"我们每人每顿至少吃2只兔子，才能吃饱。每人2只，5个人就是10只兔子。按照兔子的繁殖规律，过多长时间，兔子才够我们5人吃一次的？"

另一个大怪物解释说："由于不知道什么时候兔子才够我们吃的，而我们只有四个月的口粮储备，所以把你们抓来做备用口粮。"

杜鲁克笑了笑说："如果我告诉你，到了四个月，兔子正好有10只，你还吃不吃我们？"

"不吃了。你们总不如兔子肉好吃。"牛头马面回答得很干脆。

杜鲁克低头在地上写出了一行四个数：

$$1, 2, 3, 5$$

在这行数的下面，又写了一行四个数：

$$2, 4, 6, 10$$

杜鲁克指着最后一个数说："你们看，这最后一个数恰好是你们要的兔子数。"

一个牛头马面大怪物摇摇头："你骗我们呢！不过就是随便写四个数，把最后一个数写成10就行了，这点儿小把戏想骗谁呀？弟兄们，把他俩捆起来！"几个大怪物刚要动手，"慢！"杜鲁克一摆手，"这四个数不是随便写的，是算出来的。"

大怪物说："你从头到尾给我们讲讲，讲出道理，我们才相信。"

"当然要给你们讲明白道理。"杜鲁克一边讲一边在地上画图，"为了说话方便，我把出生不到一个月的一对公母小兔子，用字母 A 表示，显然它们不具备生育能力；把出生超过一个月的一对公母大兔子，用字母 B 表示，显然它们具备生育能力。"

大妖怪点点头："明白，你接着往下讲。"

"开始第一个月，你们有一对大兔子 B。一个月后，一对大兔子 B 生了一对小兔子 A，就有了 A 和 B 两对兔子。也就是说，第二个月有了 2 对兔子了。"

"明白。"

"第三个月，小兔子 A 成大兔子 B 了。而原来的大兔子 B 还活着，它们又生出一对小兔子 A，这时有 3 对兔子了，就是 B，A，B。"

"第四个月呢?"

"第四个月，一对小兔子 A 长成大兔子 B 了，原来的两对大兔子还活着，它们又各生了一对小兔子。这时就有了 3 对大兔子，即 $3B$，还有 2 对小兔子，即

24。这时就一共有了5对兔子，一共10只，每人2只，你们第四个月保证有足够的兔子肉吃。"

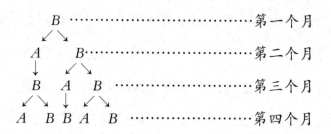

大怪物点点头："说得有道理。"

杜鲁克问："那我们可以走了吧？"

"我的问题还没有问完呢！"大怪物说，"我在想如果这些兔子我们先不吃，第八个月能有多少兔子？"

杜鲁克稍微想了一下："有68只兔子。"

"你怎么算得这么快？"大怪物们都十分惊奇，"不会是蒙的吧？"

杜鲁克说："你们刚才提出来的问题叫'兔子问题'，是一个非常有名的数学问题。"

"哟！瞎猫碰上死耗子，我们还提了个数学名题呢？哈哈，好玩！"大怪物们来了兴趣，"你仔细说说，如果你真有学问，就放了你们俩。"

"数学要研究数字的规律。"杜鲁克指着写在地上的1，2，3，5四个数说，"这四个数有什么规律呢？经数学家研究发现，1+2=3，2+3=5，也就是说，从第三个数开始，每个数都等于它前两个数之和。按照这个规律，第五个数就是3+5=8。"

大怪物也来了兴趣："我也会算，5+8=13，8+13=21，13+21=34。写成一排就是：

1，2，3，5，8，13，21，34

这34是34对，第八个月的兔子数就是34×2=68（只）。"

趁怪物们还在思索的工夫，杜鲁克向爱数王子使了个眼色，两人叠罗汉从陷阱里爬了出来，一溜烟走了。

不一会儿，大怪物突然醒悟过来："鬼算国王命令咱们，不能让杜鲁克逃出去，怎么就放他走了呢？"他们纷纷摘下头上的面具，原来都是鬼算王国的士兵。

他们看已经追不上了，心想反正前面还有那么多机关，杜鲁克一定跑不了，便不再追赶。

其实爱数王子和杜鲁克并没有走远，他俩躲在暗处，杜鲁克抹了一把头上的汗："我还以为是真的大怪物呢！吓坏我了！"

爱数王子笑着摇摇头："世上哪有鬼怪妖魔？鬼算国王的花招多着呢！咱们就慢慢领教吧！"

神秘文学馆

两人沿着大道继续往前走，被一座大建筑物挡住了去路。建筑物大门的牌子上写着"神秘文学馆"。

杜鲁克笑了："连文学馆都设计得这么神秘，真难为鬼算国王了。"

爱数王子说："看来是绕不过去了。咱们进馆吧！"推门就往里走。

迎面是一幅很大的风景画，画有一池子清水，但只画了一半；一缕袅袅白烟，也只画了一半；一棵杨柳，还是画了一半。除此以外，还有风、雨、花、渔船和半间草房。

画的旁边写着一个很大的0.5，还有说明文字：

进了文学馆，就必须写诗，请用画上所

描绘的景物和0.5这个数字，作一首四句的六言诗。作好诗者，可以继续往里走；作坏诗者，就在此屋静坐，等着饿死吧！

爱数王子摇了摇头："把一幅画和数字0.5放在一起作诗？我还从来没见过，这是成心为难人哪！"

杜鲁克不说话，只是一边看画，一边低头凝思。

爱数王子有点儿着急："这种诗没人会作，咱俩冲出去算了！"

杜鲁克摇摇头："外面必有鬼算王国的重兵把守，只靠咱俩，很难冲出去。"

"那，怎么办哪？"

"我仔细观察了这幅画，关键问题是如何把0.5融进这幅画里。你看这幅画有什么特点？"

爱数王子又仔细观察一遍："我发现这幅画上面，一半的东西特别多。比如有一半池水，一半白烟，半棵杨柳，还有半间草房。"

"对！半是什么？半用数学表达就是0.5，或者说

在这里可以用半来代替0.5。"杜鲁克说，"我来试作
一首四句的六言诗。"

"哦？那你快念念。"爱数王子也来了兴趣。

杜鲁克摆出一副诗人的样子，朗诵起来：

半水半烟著柳，半风半雨催花；

半没半浮渔艇，半藏半见人家。

"好！"爱数王子大声叫好，"没想到杜鲁克还是一位大诗人呢！"

杜鲁克扑哧一乐："哈哈，我逗你呢！我哪有这般本事！这是我在书上看到的，明代诗人梅鼎祚写的诗。"

爱数王子突发奇想："如果把诗里的半字，都换成0.5会怎么样？"

"我试试。"杜鲁克开始朗诵：

0.5水0.5烟著柳，0.5风0.5雨催花；

0.5没0.5浮渔艇，0.5藏0.5见人家。

"哈哈！"爱数王子笑得前仰后合，"我敢说，这是世界上首创的数字诗呀！我建议把这两首风格不同的诗都给它写上，让鬼算国王随便挑。"

"对！"杜鲁克把诗写在画的下面。刚写完，画呼的一声提到了房顶，出现了一间屋子。

爱数王子对带有数字的诗词有了兴趣，他问杜鲁克："你还记得哪些数字诗词？"

杜鲁克想了想："嘿，还有一首非常出名的数字诗词，是用一到十这几个数字写成的五言诗：

一去二三里，烟村四五家，

亭台六七座，八九十枝花。"

"好、好，真好！"爱数王子拍着手，"还有吗？"
"还有一首《咏雪》诗：

一片二片三四片，五六七八九十片，

千片万片无数片，飞入梅花总不见。"

"好、好，这个更好。不但有从一到十这十个数字，还有千、万、无数这些大数字。"爱数王子说，"以后你不但要帮我学数学，还要帮我学诗词。"

"别开玩笑，我才知道多少哇。咱们俩一起学吧！"说完，杜鲁克自言自语，"这才只答了一个问题，就可以走了吗？这也太便宜咱们了吧？"

话声未落，只听唰的一声，从上面又落下一幅大画。画上是一位外国人的头像，还有说明文字：

这是19世纪俄国著名诗人莱蒙托夫的画像，莱蒙托夫一生酷爱数学。

请根据下面的条件算出诗人是哪一年出生、哪一年去世的。

（1）诞生年份的四个阿拉伯数字和死亡年份的四个阿拉伯数字相同；

（2）他出生的那一年，四个阿拉伯数字之和为14；

（3）他去世的那一年，其阿拉伯数字的

十位数是个位数的4倍。

老规矩，算对了，生！算错了，饿死！

杜鲁克苦笑着摇摇头："真不愧是文学馆，连俄国大诗人都搬出来了。没办法，算吧！"

爱数王子问："这个问题应该从哪儿入手考虑呢？"

"首先可以知道两个数字。"

"哪两个数字？"

"莱蒙托夫生于19世纪，死于19世纪。他出生与去世年份的头两位数一定是18。"

"对！19世纪一定是18××年。"

杜鲁克开始计算："条件（2）说'他出生的那一年，四个阿拉伯数字之和为14'。已经知道百位数和千位数之和是8+1=9，可以知道十位数和个位数之和是14-9=5。由于5=1+4=2+3，所以，百位数和十位数有四种可能。"

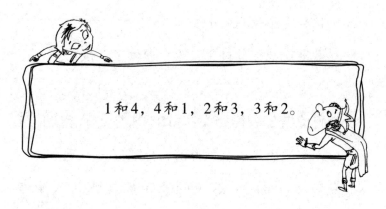

1和4，4和1，2和3，3和2。

　　爱数王子也在思考："条件（1）说，诞生年份的四个阿拉伯数字和死亡年份的四个阿拉伯数字相同。条件（3）说，他死亡的年份，其阿拉伯数字的十位数是个位数的4倍。可以肯定莱蒙托夫死于1841年，生于1814年。呀！这么伟大的诗人只活了27岁！太可惜啦！"

　　"我把结果写在下面。"杜鲁克刚刚写完，呼的一声大画又升了上去，后面出现了那间屋子。

　　他们观察了一下，发现这间屋子的左右各有两扇门。一扇门上写着"1+3"，另一扇门上什么都没写。两门中间有说明：一个生门，一个死门，生死自选。

　　爱数王子问："杜鲁克，你说哪个门才是生门？"

杜鲁克毫不犹豫地推开那扇什么都没写的门，说："就是这扇！"

爱数王子好奇地问："你怎么肯定这扇门是生门？"

"那个门上写着1+3，1+3得多少？"

"等于4呀！"

"4和'死'谐音，我只能选另一扇门了！"杜鲁克推开门一看，"咱俩终于走出了神秘文学馆！"

微信扫码
☑ 数学小故事
☑ 思维大闯关
☑ 应用题特训
☑ 学习小技巧

独眼大强盗

杜鲁克和爱数王子继续朝北走。

忽听一声呐喊：“站住！此树是我栽，此路是我开，要想从此过，留下本事来！”喊声未落，路旁的树上噌噌跳下几名彪形大汉。他们上身赤膊，分别刺着青龙、白虎、棕狮、黑蟒，头缠红头巾，下穿黑绸裤，手拿鬼头大刀，个个凶神恶煞，气势压人。

杜鲁克暗喊一声：“糟糕！遇到强盗了！”

爱数王子唰的一声，拔出了腰间的佩剑，又哗啷一声把双节棍扔给了杜鲁克：“准备战斗！”

这时，一个身高两米有余，左眼戴着黑色眼罩的大个儿强盗走了出来，他扬了扬手里的鬼头大刀，瓮声瓮气地说：“我叫独眼大强盗，武艺超群，在黑峡谷里赫赫有名。”

杜鲁克问道："怎么样才能让我们通过呢？"

独眼大强盗说："你就是大名鼎鼎的杜鲁克吧？听说你数学很好，指挥军队和我们鬼算王国打仗时，每战必胜，连我们伟大的鬼算国王都怕你三分。"

杜鲁克谦虚了一下："我没那么厉害！"

独眼大强盗恶狠狠地说："不过你今天在黑峡谷里遇到了我，就得听我的！我有一个难题一直没有解决，如果你能答对，我就放你们过去；如果答不出来，只好把你们俩扣留下来。"

杜鲁克回答："你不妨说说看。"

独眼大强盗说："我有三个儿子和三个女儿，我想把我的珍珠分给他们。这些珍珠装在三个大金碗里，每个金碗里的珍珠数不同。"

杜鲁克问："你想怎么个分法呢？"

"我把第一个金碗中的一半珍珠分给我的大儿子，第二个金碗中的 $\frac{1}{3}$ 分给我的二儿子，第三个金碗中的

$\frac{1}{4}$分给我的小儿子。然后，再把第一个金碗中的4颗珍珠给我大女儿；第二个金碗中的6颗珍珠给我二女儿；第三个金碗中的2颗珍珠给我小女儿。"

"分完了吗?"

"没有。第一个金碗中还剩下38颗珍珠；第二个金碗中还剩下12颗珍珠；第三个金碗中还剩下19颗珍珠。你给我算算，这三个金碗里原来各有多少颗珍珠?"

爱数王子听完以后，吐了一下舌头："这么复杂？"

独眼大强盗嘿嘿一笑："不复杂，我们鬼算王国会没有人能算出来？不复杂，我能等杜参谋长来算吗？"

爱数王子自告奋勇说："我先来算算吧。"

独眼大强盗点点头："可以。你们俩是一伙儿的嘛！"

爱数王子说："这个问题我认为应该倒着算，也就是从最后的结果一步一步往前算。"

杜鲁克在一旁伸出大拇指，点了点头，表示赞同。

爱数王子看到杜鲁克同意自己的算法，更加有信心了："你的第一个金碗里最后剩下38颗珍珠，加上你给大女儿的4颗，一共42颗，而这42颗只是原来珍珠的一半，因为你把另一半给了你大儿子了，对不对？"

独眼大强盗点点头："对、对。"

爱数王子说："所以第一个大金碗里应该有84颗珍珠。"

独眼大强盗又点头："对!"

爱数王子接着说："你的第二个金碗里最后剩下12颗珍珠，加上给你二女儿的6颗，一共18颗，而这18颗只是原来珍珠的$\frac{2}{3}$，因为你把$\frac{1}{3}$给了你二儿子了，对不对?"

"对!"

"18颗是$\frac{2}{3}$，那么珍珠的$\frac{1}{3}$就是9颗，这样就知道这个金碗里原来有27颗珍珠。"

独眼大强盗连忙点头："一点儿没错，就是27颗。"

爱数王子说："用同样的方法，我算出了第三个金碗里有28颗珍珠。"

"对是对，不过，数学讲究的是算。"独眼大强盗一脸不高兴，"你连个算式都没有写，全靠嘴说，这算哪门子数学? 尽管你的答案对了，但是根据不足哇!"

爱数王子也急了："你说怎么办吧?"

"答案对了,我算你做对了一半。"

"那,另一半呢?"

"听说你爱数王子武艺不错,一直没有机会领教。今天,我让一位兄弟和你练两手,如果你能胜了他,这道题就算你全答对了。"

"如果我胜不了他呢?"

"对不起,只好让杜鲁克用纯粹的数学方法,再给算一次。"

"好!"

"小五,上!"

"来啦!"只见一个强盗跳了出来,也不打招呼,挥拳而来。

爱数王子一看,纵身一跳,闪到了一边。拳头当的一声,落到了爱数王子身后的一块石头上。只见火星四溅,石头立马被劈成了两半。

一旁观看的杜鲁克倒吸了一口凉气,好险哪!

爱数王子以拳相迎。

比试了足足有半个小时。爱数王子渐渐力气不济，微微有点儿喘，拳法也有点儿乱。再看强盗却越战越勇，一拳紧似一拳。

杜鲁克在一旁干着急：自己又不会武功，帮不上忙，这可怎么办哪！

世界上最先进的算法

突然，杜鲁克大喊一声："停！"

独眼大强盗说："打得好好的，怎么喊停了？"

杜鲁克解释说："这样打下去，什么时候是个完哪？我有一个好算法，可以把刚才这个问题再算一遍。如果你还不满意，我可以用世界上最先进的算法再给你算一次，怎么样？"

"用世界上最先进的算法？好！我倒要见识见识。"独眼大强盗对小五摆摆手，让他退下。小五鼻子里哼了一声，心想："眼看我就要取胜了，怎么不让打了？"十分不服气地下去了。

杜鲁克开始解题："我说的好算法是用方程来解。可以用字母 x 来代表第一只金碗中的珍珠数。"

独眼大强盗摇摇头表示不理解："这个 x 是多少哇？"

杜鲁克解释："我们并不知道 x 一开始是多少，所以数学上把它叫作'未知数'；含有未知数的等式就叫作'方程'；计算这个等式的过程就是'解方程'。解方程的目的就是把未知数 x 是多少求出来。"

独眼大强盗点点头："你说的我好像有点儿明白了，你解方程吧！"

杜鲁克在地上边说边写："你给了大儿子一半，就是 $\frac{1}{2}x$，你又给大女儿 4 颗，最后剩下 38 颗。可以

列出一个方程式来计算。"

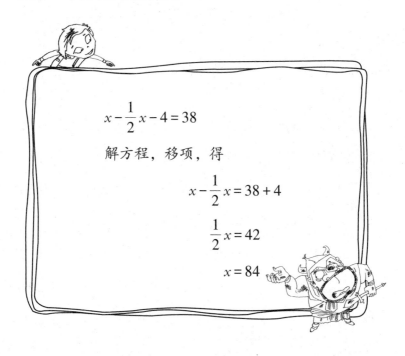

$$x - \frac{1}{2}x - 4 = 38$$

解方程，移项，得

$$x - \frac{1}{2}x = 38 + 4$$

$$\frac{1}{2}x = 42$$

$$x = 84$$

"说明第一个金碗里有84颗珍珠。用同样的方法可以算出第二个金碗里有27颗珍珠，第三个金碗里有28颗珍珠。"

独眼大强盗点点头："解方程是个好办法。那你再介绍一下世界上最先进的算法。"

杜鲁克蹲在地上写了两个公式：

$$x - ax - b = c$$

$$x =$$

杜鲁克说："这就是计算三个金碗里各有多少珍珠的方法和答案。"

独眼大强盗生气了："明明有三个金碗，怎么只有一个答案哪？这明明是在骗我嘛！"

杜鲁克不紧不慢地说："这个算式里的 x 代表金碗里的珍珠数，a 代表你给儿子珍珠数占金碗里珍珠数的几分之几，b 代表你给女儿的珍珠数，c 代表剩下的珍珠数。"

独眼大强盗轻蔑地一笑："你又骗我呀！这只是一个算式，而我有三个儿子、三个女儿啊！"

"对！我就用这个算式，给你算第一个金碗里的珍珠数。"

"快算！算不出来，看我怎么收拾你！"

"这里 x 代表第一个金碗里的珍珠数，给了大儿子一半，a 应该是 $\frac{1}{2}$，b 代表你给大女儿的珍珠数，应该是4，c 代表剩下的38颗珍珠。把这些数字代入算式，得：

$$x - \frac{1}{2}x - 4 = 38$$
$$x = 84$$

对不对？"

独眼大强盗点点头："对。"

杜鲁克说："你把第二个金碗、第三个金碗的数据分别往算式中的 a，b，c 中代，结果都是对的。"

"有点儿意思。"

杜鲁克又说："这就是我所说的世界上最先进的算法，它是最简单、最明确的算法。利用这一个算式，别说是你有三个金碗、三个儿子、三个女儿，就是有一百个金碗、一百个儿子、一百个女儿，也都能算出来。"

独眼大强盗听傻了："好吧，既然你们正确解答出了我的问题，我说话算数，放你们走。不过不要高兴过早，前面的关口一道比一道难过，想活着走出黑峡谷，比登天还难！"

爱数王子笑了笑："这就不劳您惦记了！"说完和杜鲁克大步走向了前方。

高山挡路

　　杜鲁克和爱数王子继续往前走，又被前面一座高山挡住了去路。

　　上山有许多条路，走哪条？爱数王子说："要不走中间这条路吧！"杜鲁克点点头。

两人爬着爬着，前面出现一个山洞，洞口不大，里面黑乎乎的，好像挺深，还不时传出一股股恶臭。

杜鲁克好奇："这是什么洞？"话声刚落，就听到里面传出一阵猛兽的嚎叫。

爱数王子一拉杜鲁克："快走，危险！"两人迅速跑到一块大石头后面藏了起来。

呜——随着一阵狂风刮过，山洞里蹿出一只斑斓猛虎，站在洞口四处张望，还不时张开血盆大口"嗷——嗷——"吼叫几声。

等了一会儿，老虎归洞了，两人也小心翼翼地离开了。

杜鲁克摇摇头说："咱们这样瞎走可不是个办法。谁知道这山上有多少个洞，哪个洞能通到山的那边去？"

"鬼算国王既然在这里修建了黑峡谷，那他一定会设置指示牌一类的东西。"爱数王子说，"咱俩不找山洞了，找指示牌吧！"

"对，找指示牌去。"两人说走就走。

走了好长一段路，也没发现什么，正要泄气的时候，杜鲁克发现路边竖着一块不显眼的牌子，上面写着：

此山叫百洞山，山上有200个洞，每个洞都有一个编号。200个洞中只有一个洞可以穿洞而过，通到山那边的大路上，这个山洞的编号是下面一行数中问号位置的数：

4，16，36，64， ？ ，144，196

其他号码的洞万万不能进，那里面豺狼虎豹、毒蛇毒虫应有尽有，进错了山洞，必死无疑！

爱数王子看完说："要想知道问号处是什么数，必须知道这一行数排列的规律。"

"你说得对。"杜鲁克说，"要知道规律，咱们必须把这些数先解析透了。"

"怎么个解析法?"

"我说的解析，就是把数分解成几个因数的连乘积。你看这些数都是偶数，可以用2去除，得：

2，8，18，32， ? ，72，98。"

"这就相当于剥去了一层皮。"

"对！剥完后的几个数还是偶数，还可以再用2去除，得：

1，4，9，16， ? ，36，49

这样，原来的6个数可以写成：

4×1，4×4，4×9，4×16， ? ，4×36，4×49

王子你看往下还能怎样解?"

爱数王子认真思考了一下："我明白了，经过两次分解，剩下的数全是平方数，可以写成：

$$4 = 4 \times 1 \times 1, \ 16 = 4 \times 2 \times 2, \ 36 = 4 \times 3 \times 3$$
$$64 = 4 \times 4 \times 4, \ 144 = 4 \times 6 \times 6, \ 196 = 4 \times 7 \times 7$$

这样1，2，3，4，6，7的平方数都有了，唯独缺少5的平方数，因此问号位置上应该是4×5×5=100。咱俩应该找编号为100的山洞。"

100号山洞之谜

"对！就是100号山洞！"可两人找了半天，就是找不到这个100号山洞，只好坐在一块大石头上休息。杜鲁克想，这一行7个数，除了给出这些数结构上的规律，还会不会有别的意思？对！很可能也给出了这7个洞的排列位置。

想到这里，杜鲁克对爱数王子说："咱们不但要找100号洞，前面的4，16，36，64号山洞也要找。"

爱数王子并不明白其中的道理，但他相信杜鲁克说的一定没错。找哇，找哇，正当快失去信心的时候，爱数王子看到在一个很小的山洞上面写着数字4，如果不仔细看很容易错过。

爱数王子兴奋地说："看！4号山洞。"

"太好了!"杜鲁克用力拍了一下爱数王子的肩头,"附近肯定会有16号山洞!"

"这么肯定?"爱数王子认真去找,果然在不远的地方找到了16号山洞。

"我明白了,这几个编号的山洞是挨在一起的。"爱数王子更加认真去找,"我找到36号山洞了!"

过了一会儿,杜鲁克又找到了64号山洞。

爱数王子兴奋地说:"快了,马上就能找到100号山洞了。"但这次高兴得有些太早了。他们找哇找哇,就是找不到100号山洞,爱数王子有些失望了。

杜鲁克忽然想起来什么,往64号山洞里走去,不一会儿就听见他在山洞里大喊:"看,100号山洞在这儿呢!"

爱数王子跑进去一看,原来64号山洞里还套着一个山洞,正是100号山洞。

"哈,藏在这儿呢!"

杜鲁克刚想迈腿进洞,爱数王子一把拉住了

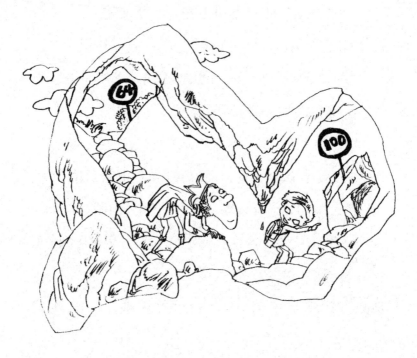

他："你知道洞里藏有什么机关？不能贸然往里走！"他捡了一块石头扔了进去，只听砰的一声，石头落地了，接着又刺的一声，地下钻出一个大箭头，如果人走在上面肯定要被射中！杜鲁克吓得停在了原地。

爱数王子想了想说："鬼算国王阴险狡诈，按照以往的经验，应该会在这个山洞里藏一道题。如果你能解出这道题，或许还有一条活路，如果解不出来，可就麻烦了。咱们先找出鬼算国王的这道题藏在哪儿吧。"

两人上上下下、左左右右找了一个遍，什么也没有。

杜鲁克有点儿泄气，真会有这么一道题吗？他无意中转头一看，发现洞门口贴墙立着一块石板，杜鲁克把石板转了180度，果然看到背面写着一道题：

100号山洞里箭尖朝上的箭头是有数的。

1，5，9，13，17……

根据这行数排列的规律，求出第100个数。这个数就是箭头的个数。

"找到题目了！"杜鲁克十分兴奋。

爱数王子看着这行数，半天没说话。

杜鲁克问："你怎么啦?"

"你刚才说，遇到这种题应该先把这些数解析了，给它们层层分解，现出原形，才能发现它们的规律。"

"对呀！正是这样！"

"可是这5个数，除了9可以解析成3×3，其余4个数都分不出来呀！"

"哈哈哈！"杜鲁克乐坏了，"给数解析的方法有很多，不是只有这一种。1，5，13，17四个数是质数，它们除了可以被1和本身整除以外，不可能被其他整数整除，也就没有办法分解。"

爱数王子沮丧地问："那怎么办哪？"

"可以先给它们变变形。"杜鲁克写出：

$1 = 1$，$5 = 1 + 4$，$9 = 1 + 8$，$13 = 1 + 12$，$17 = 1 + 16$

"你看，把每个数都减去一个1，剩下的都是偶数，可以分解了。"

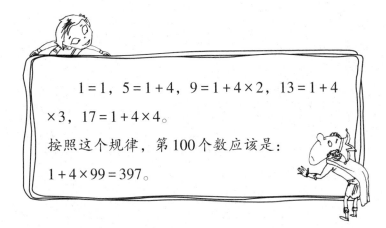

$1 = 1$, $5 = 1 + 4$, $9 = 1 + 4 \times 2$, $13 = 1 + 4 \times 3$, $17 = 1 + 4 \times 4$。

按照这个规律，第100个数应该是：$1 + 4 \times 99 = 397$。

"这么一个小山洞，地面竟然安装了近400个箭头，这可怎么过去呀？"杜鲁克犯愁了。

爱数王子开动脑筋："杜鲁克，刚才咱们是怎么发现地面上安装了箭头呢？"

"咱们是往里面扔石头，把箭头砸出来的。"

"嗯，那就继续照方抓药，我往里扔石头，你数砸出来的箭头数，如果砸出来的箭头数够397，咱俩就可以平安地通过山洞了。"

杜鲁克高兴地跳了起来："高招！"他立刻拿起一块石头扔了进去。石头咚的一声砸在了地上，刺的一声，一个箭头从地下钻了出来。

爱数王子喊:"1个!"接着也捡起一块石头扔了进去,咚!剌!

杜鲁克喊:"2个!"就这样你扔进一个,我扔进一个。3个,4个……396个,397个。

"好哇!够数了。"两人一起走进100号山洞。

微信扫码
☑ 数学小故事
☑ 思维大闯关
☑ 应用题特训
☑ 学习小技巧

醉鬼三兄弟

杜鲁克和爱数王子穿过100号山洞，来到了大路上，两人继续向北走。

正走着，突然听到一声暴喝："站住！"话声未落，三个彪形大汉跳了出来。细看这三个大汉，虽说个头儿不一般高，长相可差不多少，手上都拿着一把鬼头大刀。而且奇怪的是他们的脸都特别红，还有点儿站立不稳。

爱数王子抽出宝剑，杜鲁克也亮出双节棍。

爱数王子喝问："你们想干什么？"

个子稍高一点儿的大汉晃晃悠悠地说："拦住你们的去路。"

爱数王子追问："咱们远日无怨，近日无仇，为什么要拦住我们？"

个子最矮的大汉回答："鬼算国王刚刚请我们哥仨喝酒，说只要我们打败杜鲁克，晚上接着请我们喝酒。"

杜鲁克问："你们三人是亲兄弟吗？"

个头儿居中的大汉说："我们是亲哥儿仨，个头儿稍高的是老大，外号'大酒鬼'；我是老二，外号'二酒鬼'；个头儿最矮的是老三，外号'小酒鬼'。"

杜鲁克摇摇头："好嘛！遇到三个酒鬼。我的年龄和你们的子女差不多大小，你们忍心下手吗？"

二酒鬼回答："说到子女，我现在脑袋有点儿糊涂，一时想不起来有几个儿子和女儿了。我说哥哥和弟弟，你们记得自己有几个儿子、几个女儿吗？"

大酒鬼和小酒鬼同时摇头说："记不得了。"

爱数王子也摇摇头："少喝点儿，比什么都好。那你们还记得什么？"

小酒鬼两手扶着脑袋，用力地晃了晃："哎，我想起来了，他们俩的儿子都是我的侄子，他们俩的女儿都是我的侄女。"

大酒鬼和二酒鬼同时点头："对、对。"

小酒鬼说："你说怪不怪，虽然说我记不得我有多少儿子和女儿，可有多少侄子、侄女可是记得一清二楚。我有4个侄子、3个侄女。"

大酒鬼微笑着说："我也一样，有4个侄子、1个侄女。"

二酒鬼跟着说："我有4个侄子、2个侄女。"

爱数王子用食指点着三个酒鬼说："你们这都是什么记性？自己的儿女记不住，却记住别人家的儿女。"

大酒鬼严肃地说："我早就听说杜鲁克数学很好。今天你如果能把我们哥儿仨的儿女都算清楚，就饶你们一次。"

爱数王子皱着眉头："这都是什么题呀？该怎么做？"

"能做。不过就是要求的未知数多了一些。"杜鲁克边说边写，"设大酒鬼有 a 个儿子、b 个女儿，二酒鬼有 c 个儿子、d 个女儿，小酒鬼有 e 个儿子、f 个女儿。"

爱数王子吃惊了："有 6 个未知数，这个题目怎么解呀？"

"未知数多了不要紧，只要把它们的关系理清楚就行。"杜鲁克接着写，"大酒鬼有 4 个侄子、1 个侄女。这实际上告诉我们，二酒鬼和小酒鬼合起来有 4 个儿子、1 个女儿。即 $c+e=4$，$d+f=1$。"

小酒鬼在一旁嚷嚷："对、对。老大的 4 个侄子就是老二和我的 4 个儿子，一点儿都不错！接着算。"

杜鲁克说："二酒鬼有 4 个侄子、2 个侄女。也就是说大酒鬼和小酒鬼合起来有 4 个儿子、2 个女儿。即 $a+e=4$，$b+f=2$。同样还有 $a+c=4$，$b+d=3$。写在一起就是："

$$a + e = 4$$

$$b + f = 2$$

$$c + e = 4$$

$$d + f = 1$$

$$a + c = 4$$

$$b + d = 3。"$$

爱数王子有点儿不明白："你说过，含有未知数的等式叫作方程。可是这一下子出现6个方程怎么办？"

"方程多于1个时，就叫方程组。"杜鲁克说，"解方程组最常用的方法是加减法。"杜鲁克边说边写："先把有关侄子的3个算式竖着相加，得：

$$(a + c) + (a + e) + (c + e) = 4 + 4 + 4$$

$$2(a + c + e) = 12$$

$$a + c + e = 6$$

因为 $c + e = 4$

所以 $a = 2$

由于 a 表示大酒鬼的儿子数，所以大酒鬼有2个儿子。"

大酒鬼大嘴一咧："没错，没错。我有2个儿子，双胞胎！"

"再算大酒鬼的女儿数。"杜鲁克边说边写，"我把有关侄女的算式相加，得：

$$(b+d)+(d+f)+(b+f)=3+1+2$$
$$2(b+d+f)=6$$
$$b+d+f=3$$
因为 $d+f=1$
所以 $b=2$

说明大酒鬼有2个女儿。"

大酒鬼高兴地说："对、对，我有2个女儿，你猜怎么着？也是双胞胎！哈哈哈。"

杜鲁克说："我再算算二酒鬼、小酒鬼有多少儿女。"

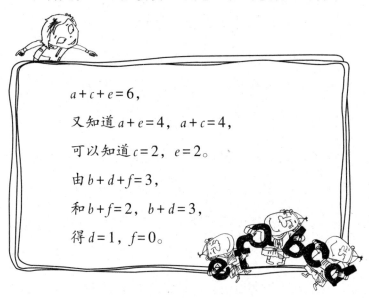

$a + c + e = 6$,

又知道 $a + e = 4$, $a + c = 4$,

可以知道 $c = 2$, $e = 2$。

由 $b + d + f = 3$,

和 $b + f = 2$, $b + d = 3$,

得 $d = 1$, $f = 0$。

爱数王子解释说："上面结果说明，二酒鬼有2个儿子、1个女儿；小酒鬼有2个儿子、0个女儿。对不对？"

三个酒鬼一起点头："对、对，就是老三没女儿。"说完三个酒鬼凑在一起，嘀咕了几句。

不一会儿，只听大酒鬼说："我们也别动手了，你们投降算了！"

"什么？"爱数王子一听，火冒三丈，"你们喝得已经东倒西歪了，还怕赢不了你们！看剑！"话到剑到，剑从大酒鬼耳朵边擦了过去。

"哎哟！看我的！"大酒鬼晃晃悠悠向爱数王子冲过去，由于酒劲儿正发作，这一刀离爱数王子足有20厘米远。爱数王子趁势朝大酒鬼的后腰猛踹了一脚，大酒鬼站立不稳，噔噔噔向前连跑了三步，扑通一声来了个狗吃屎，趴在那儿了。

二酒鬼一看大哥趴下了，立刻怒火中烧，抡起绳索朝爱数王子劈头盖脸地挥了下来，由于酒劲儿作怪，这一下也打歪了，离爱数王子有30厘米远就滑过去了。爱数王子照方抓药，猛踹了二酒鬼一脚，二酒鬼也站立不稳，噔噔噔向前连跑了三步，扑通一声来了一个狗啃泥。

小酒鬼也没闲着，抡起鬼头大刀朝杜鲁克冲去。杜鲁克举起手中的双节棍迎了上去，双方势均力敌，只听当啷一声，鬼头大刀和双节棍同时飞出手去。小酒鬼又抡起双拳，向杜鲁克打去。杜鲁克正不知道应该怎样应对，只听哎哟一声，小酒鬼呼的一下飞了出去，身体撞到了一棵树上，"嗷"的一声晕过去了。原来是爱数王子从后面给了他一脚，把小酒鬼踢飞了。

爱数王子趁机拉起杜鲁克，撒腿就跑。

这时三个酒鬼的酒也醒了，拿起武器也追了上来，边追边喊："别让这两个小子跑了！"

眼看就快要被追上了，怎么办？杜鲁克头上冷汗直冒。正在这危险的时候，大酒鬼在后面大喊："别追了。前面就是'绝境数学馆'，进去的人没有一个能出来的！"所有人停下了脚步。

爱数王子和杜鲁克只能硬着头皮往前跑。

绝境数学馆

后有追兵，看来这绝境数学馆进也得进，不进也得进。杜鲁克一咬牙："进去！"他大踏步走到前面把门推开，爱数王子跟着走了进去。

与此同时，两匹高头大马风驰电掣般向这里奔来，还没等马停稳，马上的人就跳了下来。大酒鬼一行人马上行礼："见过鬼算国王、鬼算王子！"

鬼算国王问："他们人呢？"

大酒鬼回答："刚刚走进绝境数学馆。"

鬼算国王面露喜色："进去就好！我在黑峡谷中设计了那么多关口，结果被他们一一破解。绝境数学馆是我设计的最难的一个关口，绝不能再让他们走出去！"

鬼算王子问："父王有什么想法？"

"我要进绝境数学馆，亲自参与！"鬼算国王对鬼算王子说，"你在出口看着，绝不能让他俩走出那道门！"

"遵命！"鬼算王子回头冲大酒鬼他们一招手，"你们都跟我一起隐蔽起来，如果爱数王子和杜鲁克逃出来，咱们就消灭他们！"

"是！"几个人齐声响应。

再说爱数王子和杜鲁克。

他俩走进了绝境数学馆。一进门，发现左右两边各站着一个士兵，杜鲁克吓了一跳："这是真人还是假人？"

左边的士兵长得胖胖的，腰间佩带一柄长剑。右边的士兵却骨瘦如柴，手里拿着一柄短剑。

爱数王子用手推了一下，士兵纹丝不动："是假的，吓唬人的。"

放眼看去，绝境数学馆是被隔板隔成一间一间的，刚进门这间屋子除了那两个假士兵，还有一个大池子，里边有一只特大号的乌龟，背上画有一张3×3的方格图，旁边有好多棋子。

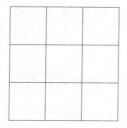

　　"咦?"杜鲁克有些不解,"这里叫'绝境数学馆',怎么没有数学,只有这么一只大乌龟?"

　　爱数王子说:"我也感到纳闷哪。"

　　这时有人说话了:"你们是想先做数学题,还是先应战?"

谁在说话？爱数王子抽出宝剑，杜鲁克也抖开双节棍，四处寻找。

这时又听到那个人说："先做数学题还要耽误时间，不如赶快决一胜负！"

循着声音望去，原来是门口的胖士兵在说话。

爱数王子大声说："你既然是真人，站在这儿装什么神，弄什么鬼呀？"

胖士兵也不答话，哗啦一声把腰间的长剑抽了出来。只见一招"蛟龙出海"，剑锋直奔爱数王子的面前。爱数王子身体一歪，躲过一剑，回手一剑，直朝胖士兵反击。胖士兵大喊一声："好快的剑哪！"急忙把长剑收回，挡开了爱数王子的剑。

杜鲁克一扬手："二位且慢动武，先让我把这里的规矩搞清楚。我如果选择先做数学题，做对了，会怎么样？"

"做对了就放你们过去。"胖士兵解释说，"不过，要想做出这些题目是痴心妄想！这些题极难，都是3000多年前的古题，我还从没见过有谁能做出来的！"

乌龟背上的图画

杜鲁克说："那你也先把这道古题说给我们听听，就算我们没做出来，输了也不后悔呀！"

"嘿嘿。"胖士兵先是一阵冷笑，"既然你有不怕输的精神，我就成全你。话说3000多年前，大禹治水来到了洛水。突然洛水中浮出一只特大号的乌龟，背上有一张奇怪的图，图是由3×3个方格组成，还画有许多圆点儿。9个方格中的点数，恰好是从1到9。你们说神不神奇？"胖士兵接着讲，"这是一张神奇的图，有无限的魔力，被后世称为'九宫图'，也叫'河图'。由于时间久远，从1到9这9个数，在3×3方格图中是如何排列的，已经失传。鬼算国王为了把失传的图重新填出来，花重金把这只据说是洛水大乌龟的十八代子孙买来了。"

胖士兵指着池子里的乌龟说："如果你们能在这只乌龟的背上摆出九宫图，我立刻放了你们。"

杜鲁克略一思索，问："这九宫图有什么要求？"

"按照从1到9的数字，把这些棋子分别摆放进9个格子里。要求每横行的三个格子里的棋子数之和，每竖列的三个格子里的棋子数之和，每条对角线的三个格子里的棋子数之和都相等。"胖士兵翻了翻白眼，"听清楚没有？要不要我再重复一遍？"

爱数王子没好气地说："听清楚啦！"然后问杜鲁克，"这个问题应该从哪儿入手考虑呢？"

杜鲁克想了想说："既然每横行的三个格子里的棋子数之和，每竖列的三个格子里的棋子数之和，每条对角线的三个格子里的棋子数之和都相等，这个和数应该是一个常数，要先把这个常数求出来。"

"我会求这个常数。"爱数王子跃跃欲试，"三个横行里的棋子数应该等于1+2+3+4+5+6+7+8+9，我把它们加一下。1加2等于3，3加4等于7，5加6……"

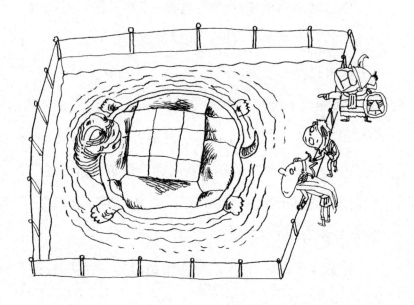

　　爱数王子刚做完这几步，就被杜鲁克拦住了："这样一个一个加太费事了。可以这样做：

$$1+2+3+4+5+6+7+8+9$$
$$=(1+9)+(2+8)+(3+7)+(4+6)+5$$
$$=10+10+10+10+5=45$$

这种方法叫'凑十法'，省事。"

"45除以3等于15，这个常数等于15，对不对？"

"对、对，就是15。"

"这1到9九个数如何往3×3格子里填呢？"

"我看正中间这个格子最重要，它是中心，不管横着、竖着还是斜着，都要用到它，所以应该先把正中间的格子填上数。"

"我看填1最合适。"说完爱数王子拿起一个棋子，放进乌龟背上3×3格子正中间的格子。

爱数王子刚放下棋子，大乌龟突然脖子一抻，转过头来，一口咬住了他的右臂。

"啊——"爱数王子疼得大叫一声。杜鲁克大吃一惊，一个箭步跳到大乌龟的背上，想把爱数王子的胳膊拉出来，可大乌龟咬得死死的，怎么也拉不出来，反而把爱数王子疼得龇牙咧嘴的。

"哈哈！"胖士兵在一旁幸灾乐祸，"谁都知道，乌龟咬人是从不松口的，你越往外拉，它咬得越紧。"

"这可怎么办？"

"办法只有一个，就是把乌龟背上的棋子放对。爱数王子在正中间格子里放一颗棋子，显然是不对的。"

"那应该放几颗呢？"杜鲁克急得直拍脑门儿，"每次都是三个数相加，而和是15。嗯——有了！正中间的数填5最合适，两边的数用凑十法就容易找了。"

想到这儿，杜鲁克飞快地拿起四颗棋子，放进正中间的格子里。说也奇怪，棋子刚刚放好，大乌龟就把嘴张开了，爱数王子飞快地把胳膊抽了出来。

杜鲁克趁热打铁，把其余的棋子都放了进去：

爱数王子又赶紧验算了一下——没错！

"现在我们可以走了吧？"爱数王子和杜鲁克正要抬脚，只听到一个尖细刺耳的声音说道："慢走！"

两人扭头一看，是门右边的瘦士兵在说话。呀！这个人也是真人假扮的。

爱数王子说："九宫图我们填完了，还要干什么？"

瘦士兵也不答话，冲胖士兵一努嘴："搭把手。"两人把大乌龟抬起翻转了180度，这时大乌龟四脚朝天，露出了白色的肚皮，只见肚皮上同样也画着一张3×3的方格图。

瘦士兵奸笑着说："刚才你们填出的九宫图，是正九宫图，特点是每行、每列、对角线上的三个数相加都相等，等于15。但这还不是真本事。现在要求你们在大乌龟的肚子上填一个'反九宫图'。它的特点是每行、每列、对角线上的三个数相加都不相等。如果你们能填出来，就放你们走！"

爱数王子听了倒吸一口凉气："全不相等？这可太难了，可怎么填哪？"

瘦士兵眉头一皱："填不上来？那你们俩也就别想出去了，和大乌龟待在这儿吧。你们俩可熬不过它。"

他对胖士兵一招手："我们去休息吧！"两个士兵走到一面墙前，也不知怎么弄的，只听呼啦一声，墙上出现了一个门，两人推门出去了。

爱数王子赶紧跑过去一看，根本就没有门哪，奇怪了，那他们是怎么出去的呢？

爱数王子叹了一口气："唉，咱们只能来填一填这个反九宫图了。"

杜鲁克说："我也没见过这个图，咱们先各自画一画，找找规律。"

"也好。"两人各自算了起来。

爱数王子坐在地上看着方格图，看了半天，毫无头绪，急得抓耳挠腮。

杜鲁克呢，则一言不发，围在方格图边不停地转圈，顺时针转完，再逆时针转。

爱数王子说："正九宫图是有规律的，它的横、竖、斜三个格子里的棋子数相加，都等于15。反九宫图要求相加后都不相等，没有什么规律呀！"

"不。"杜鲁克摇头说，"都不相等，也是一种规律呀！不过它和正九宫图直着相加不同。"

"照你说的，不直着相加，难道还要转圈相加?"

"说对了! 你没看见我正围着方格图不停转圈吗? 顺时针转完，再逆时针转。我正是在找规律呢。"

"找到了没有?"

"有点儿头绪了! 你看我这样填行不行?"杜鲁克往格子里摆棋子。

1	2	3
8	9	4
7	6	5

"从左上角开始，把1到9顺时针填，你算算看符合要求吗?"

"好的。"爱数王子开始计算：

横着加：$1 + 2 + 3 = 6$，$8 + 9 + 4 = 21$，$7 + 6 + 5 = 18$

竖着加：$1 + 8 + 7 = 16$，$2 + 9 + 6 = 17$，$3 + 4 + 5 = 12$

对角线方向相加：$1 + 9 + 5 = 15$，$3 + 9 + 7 = 19$

"嘿！真是都不相等！"爱数王子大声叫道，"士兵们，快出来！反九宫图填出来了！快放我们走!"

爱数王子叫了好几声，也无人回答。他急得照着墙壁"咚、咚、咚"连敲三下。这时只听得"吱——"的一声，墙上开了一扇小门。

门里有人咳嗽了一声，接着慢吞吞走出来一个小士兵，个头儿比刚才那位瘦士兵还小。

杜鲁克说："我们把正反两张九宫图都填出来了，该放我们走了吧?"

"嘻嘻嘻。"小士兵干笑了几声。

杜鲁克听了一惊：这声音怎么这样熟悉？

小士兵笑着说："二位来了就走，也不多待一会儿吗？我看你们都很厉害，不如一起来玩数学吧？"

杜鲁克心想，看你又要捣什么鬼吧！我是兵来将挡，水来土掩！于是答道："好哇！我们愿意奉陪。你说玩什么吧！"

和乌龟赛跑

小士兵说："你们和乌龟比试一下跑步吧！"

"哈哈！"爱数王子笑着说，"谁不知道乌龟爬得慢！和它比跑步，乌龟准输！"

小士兵摇摇头："不一定吧？你就跑不过乌龟。"

"比就比一次，等我战胜了乌龟，就让我们离开。"爱数王子站到了大乌龟的旁边，"开始吧！"

小士兵哈哈一笑："我不是让你们真跑，再说屋子这么小，也跑不开呀！"

"那你说怎么办？"

"在这儿比画比画就能出结果。"

"好，那就比画比画吧！"

小士兵让爱数王子站在乌龟身后大概9米的地方："按理说，你应该比乌龟跑得快，假设乌龟的速度是1

米 / 秒，你的速度是乌龟的10倍，就是10米 / 秒。所以你就让乌龟9米的距离。把乌龟现在的位置记作 B，你现在的位置记作 A。"说着小士兵在地上画了一张图：

A B $C\ D$

小士兵边画边说："当我喊'开始！'时，你和乌龟同时起跑，你从 A 点跑到了乌龟所在的 B 点，距离 $AB=9$ 米，用时 $=0.9$ 秒。明白吗？"

爱数王子点点头："明白。"

小士兵接着说："同时乌龟也没闲着，它在这0.9秒的时间里往前爬了 $BC=0.9$ 米，到了 C 点；你也必须追到 C 点，所用的时间 $=0.09$ 秒；同样道理，在你从 B 点追到 C 点时，乌龟又往前爬行了 $CD=0.09$ 米，到了 D 点，而你要用0.009秒，从 C 点追到 D 点。就这样乌龟在前面跑，你在后面追，虽然说你与乌龟的距离越来越近，但你必须先追到乌龟刚刚离开的点，所以不

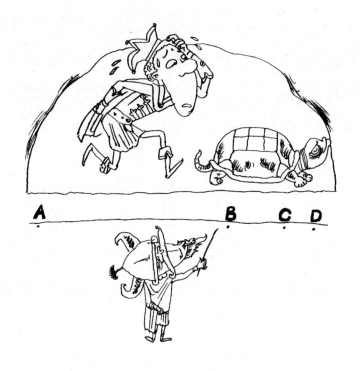

管怎样追，你永远在乌龟的后面，也就是永远追不上乌龟。"

　　爱数王子摸摸后脑勺："我堂堂爱数王国的王子，竟然追不上一只乌龟，这怎么可能呢？可是这个小士兵说得也有理呀！由于我在乌龟的后面，每次我必须先跑到它刚刚所在的位置，因此尽管我离乌龟越来越近，可是永远也别想追上乌龟！"

小士兵一阵冷笑:"爱数王子认输了吧?"

爱数王子急得在原地转了三个圈:"按照这样的算法,我应该是赶不上乌龟。可在现实中我两步就能超过它呀!这是怎么回事呢?"无奈之中,爱数王子看了看杜鲁克,希望他能解决这个问题。

杜鲁克正一言不发,蹲在地上紧张地计算。突然他蹦了起来,大喊一声:"我明白了!"把小士兵吓了一跳。

杜鲁克问小士兵:"无限循环小数 0.9999……等于多少?"

"等于1呀!"看来小士兵的数学还真不错,张口就答出来了。

杜鲁克边说边在地上写:"爱数王子就这样一段一段往前追,所用的总时间 t 和总距离 s 分别是:

$$t = 0.9 + 0.09 + 0.009 + \cdots\cdots = 0.999\cdots\cdots \text{(秒)}$$

$$s = 9 + 0.9 + 0.09 + \cdots\cdots = 9.99\cdots\cdots \text{(米)}$$

因为 $t = 0.999\cdots\cdots \approx 1$

$$s = 9.99\cdots\cdots$$
$$= 10 \times (0.9 + 0.09 + 0.009 + \cdots\cdots)$$
$$\approx 10 \times 1 = 10 \, (米)$$

计算表明：爱数王子只用了 1 秒钟，跑了 10 米就能追上乌龟！"

"好！"爱数王子高兴地跳了起来，"是无限循环小数 0.999……救了我！我们把问题都解决了，该放我们出去了吧?!"

"进了绝境数学馆，还想活着出去，做梦！你也不看看我是谁？"小士兵说着把外袍一脱，帽子一扔，露出了本来面目，原来正是鬼算国王！

鬼算国王一声令下，冲进来一群士兵。一时场面混乱，拥挤不堪。

杜鲁克看此光景，"此时不走，更待何时？"赶紧拉起爱数王子从敞开的西门跑了出去。

少年禁卫军

　　杜鲁克和爱数王子刚跑出西门，就听到一声大喊："杜鲁克你哪里走！"鬼算王子从天而降，挡住了去路。

　　鬼算王子冷笑了一声："黑峡谷开谷以来，还没有一个人能闯出去的。"鬼算王子大喊一声，"少年禁卫军！"

"到!"从四面八方跳出一群身穿统一军服、手拿武器的少年。

"第一战队上!"鬼算王子命令。

"是!"几个少年围了上来,他们一律拿着武器,从几个方向发起进攻。

爱数王子抽出宝剑,杜鲁克亮出双节棍,双方战在了一起。别看少年禁卫军人多,可是武艺不精。杜鲁克拿着双节棍一通乱挥,也能勉强应付过去。而爱数王子武艺高强,手中一柄长剑舞起来剑光闪闪,呼呼带风,打得几名少年禁卫军连连后退。

一个年纪很小的禁卫军趁杜鲁克不备,照着他的屁股狠狠地踢了一脚。

杜鲁克哎哟一声,捂着屁股跳起来老高。他想用双节棍还击,无奈双节棍太短,够不着这个禁卫军。

爱数王子实在太厉害了,第一战队的几个禁卫军抵挡不住了。

鬼算王子大叫一声:"第一战队下,第二战队上!"

"得令！"另几个少年禁卫军冲了上来，他们手拿短兵器。杜鲁克这次心里有底了，知道他们的武艺实在一般，现在又拿的是短兵器，更不怕他们了。他拿起双节棍，冲了上去。他一眼看见这里面也有一个小禁卫军，长得和刚才偷袭他屁股的人非常像。杜鲁克心想："这次看我的厉害。"

　　杜鲁克抡着双节棍像雨点儿似的砸了下去，打得小禁卫军连连后退。

　　杜鲁克有心逗他玩，嘴里喊着："看脑袋！"小禁卫军急忙举刀相迎。实际上，杜鲁克说打脑袋是假，打屁股是真，只听哎哟一声，小禁卫军屁股上结结实实挨了一棍子。

　　杜鲁克又喊："看屁股！"小禁卫军刚把刀拉下来，准备阻挡，又听到啪的一声，脑袋上却挨了一棍，立刻起了一个大包。"哇——"他捂着脑袋大声哭了起来。

　　杜鲁克把双节棍向上一举，大声叫道："停——"

　　鬼算王子说："为什么要停下来？"

杜鲁克说："你不应该让小孩子应战。你说说，这些禁卫军共有多少人？"

鬼算王子想了想："有 $\frac{1}{3}$ 小于 12 岁，有 $\frac{1}{2}$ 小于 13 岁，并有 6 个小于 11 岁，11 岁到 12 岁之间的与 12 岁到 13 岁之间的人数相等。你杜鲁克不是很会算吗？自己算去！"

杜鲁克略一思索："设禁卫军共有 x 人，小于 12 岁的有 $\frac{1}{3}x$ 人，小于 13 岁的有 $\frac{1}{2}x$ 人。"

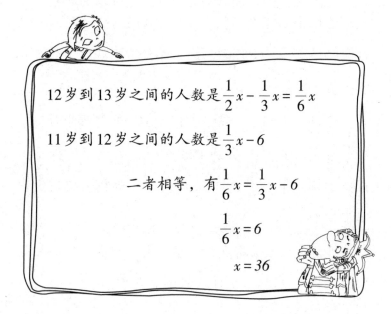

12 岁到 13 岁之间的人数是 $\frac{1}{2}x - \frac{1}{3}x = \frac{1}{6}x$

11 岁到 12 岁之间的人数是 $\frac{1}{3}x - 6$

二者相等，有 $\frac{1}{6}x = \frac{1}{3}x - 6$

$\frac{1}{6}x = 6$

$x = 36$

"算出来了，一共有36名禁卫军。其中小于12岁的有12人，小于11岁的就有6人，确实够小的!"

鬼算王子撇着嘴说："自古英雄出少年，人小能耐大呀!"

爱数王子暗笑道："刚才我们过了招，他们的功夫实在不怎么样!"

"不怎么样?"鬼算王子梗着脖子说，"他们是没把真本领亮出来!"

"噢!"爱数王子忙说，"那快让我们见识见识!"

鬼算王子拿出一面小黄旗，在空中一抖，命令道："排6×6方阵!"

"是!"36名禁卫军立刻排好6×6方阵。

鬼算王子一声令下，禁卫军动作整齐划一，既像武术，又像舞蹈。

"好!"杜鲁克大声喝彩。

爱数王子在一旁却连连摇头："好什么呀? 禁看不禁打!"

鬼算王子把黄旗向上一举："练少林金刚童子拳!"

"是！"36个禁卫军拉开了架势，一招一式练了起来，每练一式，就齐声喊："嘿！"煞是好看。

　　杜鲁克小声对爱数王子说："趁鬼算王子不注意，咱们溜吧！"爱数王子点点头，两人转身就跑。

　　鬼算王子一看不好，立刻命令："快追！"

微信扫码
☑ 数学小故事
☑ 思维大闯关
☑ 应用题特训
☑ 学习小技巧

一场大战

爱数王子和杜鲁克被围困在黑峡谷中，爱数王国的胖团长带领士兵在黑峡谷前叫阵，让交出爱数王子和杜鲁克，如果不交，就要荡平黑峡谷。

黑峡谷是进出鬼算王国的咽喉要地，地形复杂，易守难攻，此处如果失守，敌人就可以顺着大路直达鬼算国王的王宫所在地。鬼算国王明白这里面的利害关系，所以他忍痛放弃活捉爱数王子和杜鲁克的机会，下令让鬼司令带领部队火速赶来。

在黑峡谷前，鬼算国王和胖团长会面了。

鬼算国王抢先发问："你带重兵进犯我国，意欲何为？"

胖团长毫不相让："你把爱数王子和杜鲁克困在黑峡谷里，居心何在？"

鬼算国王冷笑着说："是他们偷偷摸摸溜了进来，

想刺探我这里的机密。可是进来容易，出去难！"

胖团长大怒："好个鬼算国王，如此不讲道理，我要冲进去，把你的黑峡谷踏为平地！"

鬼算国王嘿嘿一阵冷笑："你带来多少士兵，敢夸下这样的海口？"

胖团长大嘴一撇："谁不知道我胖团长手下兵多将广，拿下一个小小的黑峡谷，又算得了什么？"

"你那点儿家底，别人不知道，你还可蒙骗过去，我可是清楚得很。"鬼算国王胸有成竹，"你胖团长手下有3个团：一团有240名士兵，二团有460名士兵，

三团有434名士兵，合起来是1134名士兵。对不对？"

胖团长大吃一惊："啊！你对我团的兵力分布如此清楚？"

"嘿嘿，这就叫'知己知彼，百战百胜'。你这1000多人都带来了吗？"

"哈哈！"胖团长仰天长笑，"攻打一个小小的黑峡谷还用带这么多人？我随便带几个就足矣！"

胖团长转念一想，鬼算国王总是刺探我的军情，这次我也要问问他："那你带来多少士兵啊？"

"这不保密，听好了：我带来的士兵数是一个三位数，三位数的各位数字都相同。把这个士兵数从左往右数，每一位数都比之前增加2，所得的新数各位上的数字之和是21。胖团长，你们爱数王国的军官数学都很好，应该能算出这个士兵数吧？"鬼算国王一副幸灾乐祸的样子。

胖团长打仗异常勇猛，就是数学不好，根本不入门哪！一听说要做数学题，首先是出一脑瓜子汗，憋得满脸通红，最后还是做不出来，总是受到爱数王子的批评。

挨批评的次数多了，胖团长也动脑筋了。不过他不是自己动脑筋好好学数学，而是从团里找了一个数学挺好的小兵当勤务兵，遇到数学问题就让勤务兵替他做。

胖团长冲身边的勤务兵努了努嘴，小兵心领神会，蹲在地上算了起来，过了一会儿，勤务兵站起来报告："鬼算国王带来555名士兵。"

胖团长得意地说："鬼算国王，人数对不对？"

"呀——"鬼算国王倒吸了一口凉气，"后生可畏呀！能说说具体的算法吗？"

"可以。"由于勤务兵经常给胖团长算题，这种场面见多了，一点儿也不怵，大大方方地讲了起来，"把这个士兵数从左往右每一位数都比之前增加2，得到一个新数，这个新数各位上的数字之和是21。这时新数各位上的数字比原来的数增加了多少呢？增加了$2+(2+2)=6$，那么原来的数各位数字之和就应该是$21-6=15$。又由于各位数字都相同，每一位数字必然是$15÷3=5$，整个数就是555了。"

"不错。"鬼算国王点点头，"那请问胖团长，你这次带来了多少士兵啊？"

胖团长想："鬼算国王刚才没有直接回答我，我也不能直接告诉他我带来的士兵数，也出道题难为难为他！"可胖团长转念一想，"我自己都没做过什么难题，哪会出难题考他呢？"

"有了！"胖团长灵机一动，"一团我带来了$\frac{1}{3}$，二团我带来了一半，三团带来的最少，只带来$\frac{1}{7}$。你算算我总共带来多少士兵。"

"哈哈！"鬼算国王一阵冷笑，"胖团长太高看我了，出了一道小学低年级的题目考我，让我做这么简单的分数题，我还真有点儿不好意思。"

"你少吹牛，做对了才算数！"

"一团240人，240人的$\frac{1}{3}$就是240×$\frac{1}{3}$=80人；二团460人，460人的一半就是460×$\frac{1}{2}$=230人；三团有434人，434的$\frac{1}{7}$就是434×$\frac{1}{7}$=62人。总共有80+230+

62=372人。没错吧?"

"错了!"

鬼算国王听说不对,大吃一惊:"这么简单的题目,我做错了?!不可能啊!我再检查一遍。"鬼算国王把这个问题从头到尾仔仔细细地又检查了一遍,"没错呀!这么简单的问题,我怎么可能做错呢?"

胖团长胸有成竹地说:"不信咱们打赌!你来清点我的士兵人数。"

"好,打赌就打赌。如果是372人,你立刻带人回爱数王国。"

"如果不是372人,你必须减少你的士兵数,变成372人。"

鬼算国王双手一拍:"好,就这么定了。君子一言,驷马难追,咱们谁也不许反悔!"

"反悔的是小狗!"

"小狗就小狗。你们快把队伍排好,以便我数人数。"

"好的。"胖团长把右手向上一举:"所有士兵听我口令：50人一横行，排成战斗队形!"

"是!"士兵整齐、洪亮地答应了一声，很快排好了长方形的队伍。

鬼算国王看到胖团长的士兵训练有素，不由得点了点头。他开始清点人数："一排有50人，这里有7个整排，即50×7=350人。最后的一行有22人，合在一起是350+22=372人，看! 不多不少正好是372人，胖团长，请带着你的士兵回去吧!"

"怎么? 真的是372人? 数错了吧?"

"不可能数错了。不信，我再数一遍。"

"好，你再数一遍。"

趁鬼算国王数士兵人数的时候，胖团长换上一套士兵的服装，站到了士兵当中。鬼算国王数完，发现士兵数果然变成了373，多出来一个。

鬼算国王正纳闷，鬼司令小声告诉他胖团长玩的猫儿腻。

鬼算国王大步走到胖团长的面前："胖团长就别假装士兵了，请出来吧!"

胖团长摇摇头说："我不出去。我虽然身为团长，但我也是士兵的一员，计算士兵数怎么能不算我呢?"

鬼算国王十分生气："在我们鬼算王国，官就是官，兵就是兵，官和兵是不能混为一谈的。"

"在我们爱数王国是一视同仁的，官也是兵的一员。按照我们爱数王国的计算方法，我们一共来了373人。你数错了，应该把士兵的人数减少到373人。"

"好、好，我把士兵数减少到和你们一样。"鬼算国王下令，"士兵听令，士兵人数减去182人，由鬼司令带回。"

鬼算国王的士兵中立即跑出182人，在鬼司令带领下，就要快步撤走。

"慢!"胖团长突然举手拦住："555-182=373，这182人中有鬼司令，可是按照你们鬼算王国的规矩，鬼司令是官而不是兵，他不应该算在士兵数之中，你应该再多减1个士兵才对。"

胖团长的一番话，把鬼算国王气得浑身哆嗦："没想到堂堂的一位团长，如此计较。好、好，我再撤走一名士兵。"

双方兵力相当，一场大战即将开始。胖团长对鬼算国王说："我要去趟厕所，马上就回来。"

"真是懒驴上磨屎尿多！"鬼算国王小声骂道。

胖团长迅速钻进树林中，把右手的食指和中指捏在一起，放入口中，吱——吱——吹了两声口哨。这是和黑白雄鹰预先约定好的联络暗号。听到口哨声，两只雄鹰相继飞了过来。胖团长掏出纸和笔，写了两行字，递给黑色雄鹰，又用手摸了摸自己的下巴。黑色雄鹰叼起信，迅速升空，直朝爱数王国飞去。

胖团长回来之后，手中的宽背大砍刀向上一举，大喊："为了解救咱们的爱数王子、杜鲁克参谋长，冲啊！"带头冲了上去。

爱数王国的士兵不敢怠慢，也纷纷举起手中的武器，呐喊着冲了上去。

双方士兵奋勇作战，只见战场上刀光剑影，喊杀声震耳欲聋，足足打了有一顿饭的工夫。

正在这时，鬼算国王把鬼头大刀向上一举，大喊："我的预备队在哪里？"

"我们在这里！"原来鬼算国王撤走的183名士兵，其中包括鬼司令并没有走远，就藏在附近的林子里作为预备队。听到命令，他们立刻冲了出来。

原来双方兵力相当，可以打个平手。现在鬼算国王这边突然增加了183名士兵，双方的实力立刻不平衡了，鬼算国王占了上风。鬼算国王的士兵仗着人数多，渐渐取得了优势，把爱数王国的士兵逼得步步后退，情况十分危急。

正在这危险时刻，突然有人高喊："胖团长别着急，我来了！"大家循声望去，只见爱数王国的五八司令带领一队人马杀了过来。

胖团长喜出望外：援兵终于来了。他高喊："司令带来多少援兵？"

五八司令回答："一个不多，一个不少，正好是372人。"

胖团长一拍大腿："好哇！我的兵力翻了一番！"

五八司令到来，爱数王国的士兵统一由五八司令指挥。

五八司令对胖团长说："咱们现在的士兵数肯定多于鬼算国王的士兵数。此时鬼算国王再调兵已经来不及了，所以现在你带领原有部队从左边进攻，我带领新来的援兵从右边进攻，咱俩一左一右以钳形攻势，将鬼算国王的士兵包围起来，给他来个'包饺子'。"

"包饺子？"胖团长非常兴奋，"打了半天仗，我早就饿了，咱们吃它一顿饺子，那可是太美了！"

胖团长对士兵大声说："五八司令请咱们吃'饺子'，大家就别客气了，弟兄们，跟我冲啊！"

胖团长手下的士兵高举手中的武器，从左边像潮水一般冲向了鬼算国王的部队。

鬼算国王的士兵纷纷向右边撤退。

五八司令举起手中的指挥旗，站在高处大喊："包饺子喽！冲啊！"五八司令带领新来的援兵，从右边冲向鬼算国王的部队。

鬼算国王的士兵被左右夹击，乱了阵脚，成了一盘散沙，鬼算国王的命令也没人听了。

鬼算国王见势不好，带领鬼算王子、鬼司令和几个亲信想趁乱冲出去。没想到胖团长早有准备，他命令黑白两只雄鹰在高空监视鬼算国王的动向，随时向地面报告他们逃跑的方向。

这一招果然见效，鬼算国王他们无处可逃，鬼算国王骑在马上，突然捂住心脏大叫一声，翻身从马上滚了下来，重重摔在了地上。

鬼算王子赶紧跑过去扶起鬼算国王，只见鬼算国王脸色苍白，嘴唇发紫。

五八司令也跑了过来，他年长几岁，一看鬼算国王病情十分危急，必须马上送医院抢救。

可黑峡谷是一个荒野之地，周围哪有医院？大家一时之间都没有了办法。这时，杜鲁克和爱数王子正好赶到，他对鬼算王子说："王子阁下，我有一个主意：我知道不远处有一所大医院，可以让黑色雄鹰驮着鬼算国王，白色雄鹰驮着我，一起飞向这所大医院。病情紧急，希望王子尽快决定。"

大家都说这是一个好主意。但是大家也都明白，杜鲁克和鬼算国王是死对头，让杜鲁克送鬼算国王去医院，鬼算王子能够放心吗？

双方正在僵持，杜鲁克突然伸出右手："鬼算王子，我们的年纪都不大，应该互相信任。你相信我，我一定会把你父亲平安送到医院。"

杜鲁克的真情打动了鬼算王子，他眼含热泪，和杜鲁克紧紧拥抱在一起。

"咕——咕——"接连两声长啸，黑白两只雄鹰驮着鬼算国王和杜鲁克相继飞入高空，两旁的军官和士兵高举双手，预祝他们一路平安。

杜鲁克大声说道："你们放心吧！我保证完成任务！"

两只雄鹰越飞越高，越飞越快，两个黑点儿渐渐消失在碧空当中……

扫码加入

奇思妙想数学营

快乐解码 爱上数学

$2 \times 2 \times 2 \times 2 \times 3 \times 3 \times 3 \times 7$

01. 数学小故事

益智随身听
走进奇妙的数学营

02. 思维大闯关

数学知识趣味测试题
边玩边学

03. 应用题特训

详解小学经典应用题
提分有诀窍

$x + 2x + 6x + 2x + x$

04. 学习小技巧

找到正确的学习方法
提高学习效率